全景图解百科全书

思维导图启蒙典藏
中文版

My First Encyclopedia

西班牙 Sol90 出版公司　编著

许春莹　翻译

QUANJING TUJIE BAIKE QUANSHU
SIWEI DAOTU QIMENG DIANCANG ZHONGWENBAN
HELIU HE HUPO

河流和湖泊

中国农业出版社

北 京

目　录

河流的定义

河流是流经河床的自然水流，普遍具有河岸。河流形成后，从高处流向低处，具有极大的落差，因此水流能够携带较大的石块。之后，水流速度会在河床沉积物上方有所减缓，蜿蜒逶迤，并对河岸产生横向的切削作用。流经河口时，河流中的砂石泥土会沉淀下来，形成河滩和三角洲。

流域

汇集在同一区域的不同河流所构成的系统被称为流域。其中一些流域通向海洋，而另一些则形成湖泊和内陆河。三分之一的河流由于河水逐渐蒸发而消失。

曲流
河流迂回曲折，其边缘地带沉淀下来的沉积物最多。

虽然河流水量只占整个水文循环的 0.006%，但二者具有高度的相关性，因为河流具有对环境的侵蚀作用和沉积物搬运功能。

"V"形河谷的形成

与"U"形河谷等冰川侵蚀地貌不同，该河谷为"V"形。

在发源地附近，河流的水量非常大，对河床产生了切削和下蚀作用，由此形成了"V"形河谷。

你知道吗？

自古以来，河流运输就是一种重要的交通方式。

沉积物的搬运

一条河流可以将沉积物携带很长一段距离。河流源自较高的地区，然后流向较低地区或大海。水流速度较大时，河水可以携带较大的石块；流速较小时，只能携带较小的石块。

山坡
由于山脉是由坚硬的岩石层构成的，因此，山间河谷往往很陡峭。

沉淀堆积
从海滩或沙滩带走较小物体，之后形成沉积。

他源河流

这是流入沙漠地区的河流名称，其水流来自于气候更加湿润的其他地方。

沿海平原
通常是指在沿海地区发现的平原。

河口
在河岸延伸区开口，并带来陆地沉积物。

洪水

尽管水是构成生命的重要元素，但是，过量的水也会给人类及其经济活动带来严重后果。某些地区长期干旱少雨，突然在较长或较短时间内出现大量水源，就会发生洪灾。导致洪灾的几个最重要原因有：过量的降雨；河流和湖泊的溢流；由海洋表面的强风或海底地震引发的规模异常的潮汐，这种潮汐会将巨浪推向海岸。为了控制过量的水流，需要建造护墙、堤坝以及沿岸堤防。●

河流洪水

周期性发生的一种自然过程，由各种气候因素所导致的强降雨促成，是河谷平原形成的原因。

河水漫滩

靠近河流或溪流的地表，在季节性洪水期间受到洪水的作用和影响。

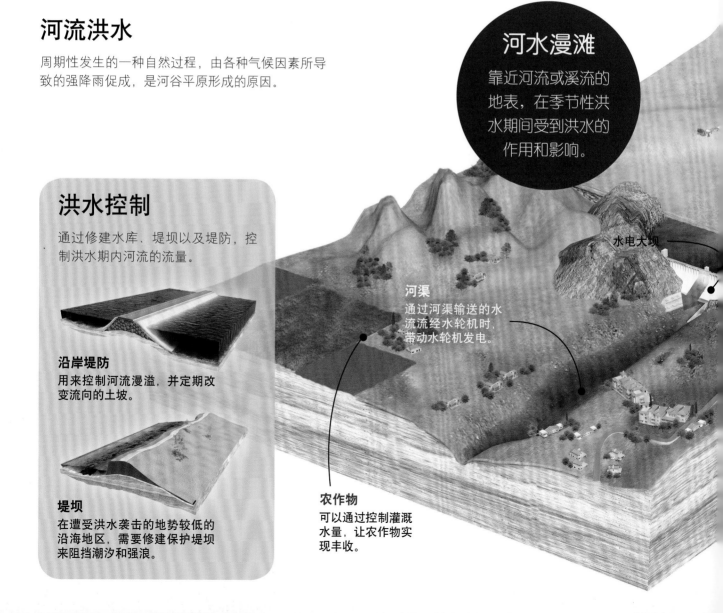

洪水控制

通过修建水库、堤坝以及堤防，控制洪水期内河流的流量。

沿岸堤防
用来控制河流漫溢，并定期改变流向的土坡。

堤坝
在遭受洪水袭击的地势较低的沿海地区，需要修建保护堤坝来阻挡潮汐和强浪。

水电大坝

河渠
通过河渠输送的水流流经水轮机时，带动水轮机发电。

农作物
可以通过控制灌溉水量，让农作物实现丰收。

暴雨
提高河流和溪流的水位。

融冰
冰雪融化导致河流水位上升，流量增大。

洪水中的土壤

在数日或数月之内，水量积聚，土壤中的空气被水取代，积水阻止了这些区域任何氧化的可能，以致影响植物和土壤本身的生物活性。就土壤而言，如果水中含有高浓度的盐，一旦土壤被浸渍，将会导致一个新的问题：盐化。

洪水是怎样形成的

流经平原的大型河流遭遇暴雨，会接收比平时更多的水量，于是就会发生周期性洪水。

粗茎垂吊植株

地表存有大量的水，土壤不能将其吸收。

❶ 干流
河水溢出河流的自然河道。

❷ 下游陆地
干流无法承受自身和支流的流量。

❸ 洪水
房屋和树木被水淹没。

土壤无法向植物根部输送氧气。

亚马孙河

亚马孙河流经秘鲁、哥伦比亚和巴西，被认为是世界上流量最大的河流。其海拔最高的发源地位于安第斯山脉中段的米斯米雪峰之巅，其河口位于巴西东北部的大西洋沿岸。亚马孙流域面积约705万平方千米，流经幅员辽阔的热带雨林，流域内人烟稀少。由于经济开发等原因，这片热带雨林正在逐渐消失。

曲流

亚马孙河是流经地球上最大丛林的河流干线，蜿蜒逶迤，也就是说河道反复而曲折。其河水流量比密西西比河、尼罗河和长江的总水量还多，其流域面积也为地球之最。

该河流的长度为

6 480 千米。

港口

除了位于河流三角洲的帕拉州贝伦港口，亚马孙河上最重要的港口如下：
－伊基托斯（秘鲁）
－莱蒂西亚（哥伦比亚）
－马瑙斯（巴西）（下图）

技术数据

亚马孙河
位置：南美洲
发源地：秘鲁安第斯山脉
入海口：大西洋
流域：705 万平方千米

巴西

拥有亚马孙河流域总面积50%的国家。

人口

亚马孙河流域居住着很多与世隔绝的土著部落，人口有20多万，分为五大种族群落。他们与来自其他地区的约2 000万居民共同享有该地区。但是，这些居民都聚集在城市中。

你知道吗？

亚马孙河流域生存着约427种哺乳动物，1 300种鸟类，400种爬行动物和种类丰富的昆虫。此外，这里还发现了10%的已知植物物种。

亚马孙丛林正面临危机

亚马孙丛林占地球所有森林资源的十分之一，被誉为〝地球之肺〞，但是现在，这些丛林却面临着消失的危险。让我们看看造成丛林消失的原因以及丛林消失的后果。

❶ 植物供给

植物可以从土壤中汲取有机营养物质，也可以利用死亡的植物补充养分。绿色植物可以吸收大量的二氧化碳。

❷ 人类开发

利用这些土地进行耕种或放牧，造成土壤上方茂密的植被流失。农作物从土壤中汲取营养，土壤却缺少养分补充，最终养分耗尽，变得贫瘠。

❸ 沙漠化

土壤肥力耗尽，土壤因干涸而被农民遗弃，这片土地会继续对丛林的其他部分产生负面影响。要恢复这里的植被，需要花费几个世纪的时间。

尼罗河

尼罗河是世界第一长河，源自中非丛林，流向北部。它创造了真正的奇迹，将撒哈拉沙漠干燥的沙地变成了绿洲和棕榈树林。事实上，尽管该河流仅给两岸大约5~10千米纵深的范围带来了肥沃的土壤，却为在这些地区诞生的历史上最伟大的文明之一提供了基础。

伟大的文明

尼罗河是世界文明的发祥地之一，诞生过伟大的文明——古埃及文明。季节性洪水给河流两岸带来了巨大的农业财富，从而使金字塔文化得以传播。沿着河水流经的地区，可以观察到许多关于该文明的遗迹。

无国界

流经九个国家的沙漠、丛林、大草原、沼泽和山脉地区。

尼罗河三角洲

在地中海的河流入海口，尼罗河被分成若干支流，形成了类似于希腊字母"Δ"的形态，尼罗河三角洲也因此而得名。肥沃的三角洲供养了这片区域，几个世纪以来，该地区的人口密度非常大。

长下坡

从发源地至河口，尼罗河流经的非洲地区落差几乎有2 000米。右边的曲线图显示了尼罗河流经的几处地区的高度。

距离（千米）

白尼罗河　　尼罗河

维多利亚湖

青尼罗河和白尼罗河的交汇处

苏德河

地中海

阿斯旺大坝

开罗

乌干达　　苏丹　　埃及

高度（米）

你知道吗？

尼罗河流域共有六座大型瀑布，自其形成起就给尼罗河上的船只航行造成了困难。

技术数据

尼罗河
位置：非洲
发源地：埃塞俄比亚高原
入海口：地中海
流域：约287.5万平方千米

掠食者

虽名为尼罗鳄，但该爬行动物却是因可怕的食人习性而闻名。尼罗鳄体长可达6米，重量超过1吨，在世界上体型最大的鳄鱼中排名第二位。它的栖息地不限于尼罗河流域，几乎遍布整个非洲大陆。

长江

亚洲最长的河流，发源于青藏高原，发源地海拔超过4 000米。长江蜿蜒曲折，流经中国11个省级行政区以及长江三角洲，最后注入中国的东海。河流两岸的大城市包括武汉、南京和上海等。有时，长江流域的强降雨会导致严重的洪灾，造成相当大的损失，甚至人员伤亡。长江上建有三峡水电站，是世界上规模最大的水电站。●

长江的流量和发源地

长江的平均流量大约为每秒3.2万立方米，每年5-10月洪水流量达到峰值。长江最前端的发源地是青藏高原东部五条重要的高山溪流的汇合点。

技术数据

长江
位置：中国
发源地：青藏高原
入海口：东海
流域：181 万平方千米

上海

位于长江三角洲，是中国人口最多的城市之一，拥有2 000多万居民。城隍庙和浦东摩天大楼（金融区）等地标性建筑皆为旅游胜地。这里拥有世界上最大的港口，货物吞吐量巨大。

长江全长**6 397**千米
是一条完全位于中国境内的河流。

通航

长江是中国的主要水道，有利于向全国各地输送货物。

三峡大坝

横跨长江的三峡大坝工程是世界上最大的水电和防洪工程，始建于1994年，于2012年竣工。三峡大坝共有32台水轮发电机组，全长2 309米，高185米。为建成这项伟大的工程，多座城镇被淹没，百万人口受到影响。

其他名称

同许多其他大型河流一样，长江在不同区段有着不同的名称。扬子江是隋唐时期相关地区人们对长江的旧称，长约645千米；在长江发源地和宜宾之间的流域被称为金沙江。

你知道吗？

长江为中国约40%的国土和约70%的稻田提供水源，在每年的4—6月，长江流域的农田会种植水稻。

多瑙河

欧洲第二长河，全长约2 850千米，贯穿半个欧洲大陆，同时也见证了欧洲大陆的兴衰。多瑙河周期性地暴发洪水，它同时也是一条重要的自然交通通道，是流经地区生活节奏的一个缩影。

源头

多瑙河发源于德国黑森林，从其海拔高度1 088米的发源地至黑海（位于罗马尼亚和乌克兰边界）内呈三角形的入海口。

渔民
沿河捕鱼是一项重要的经济活动。这位渔民正在展示在罗马尼亚的多瑙河三角洲海岸捕获的两条鲟鱼。

技术数据

多瑙河

位置： 欧洲

发源地： 黑森林（德国）

入海口： 黑海

流域： 约81.7万平方千米，流经9个国家。

布达佩斯
匈牙利首都夜景，多瑙河以及著名的塞切尼链桥（建于1840年）。

流域

流域面积约81.7万平方千米，有300多条支流汇入多瑙河。

首都
多瑙河是欧洲唯一一条流经四个不同国家首都的河流。这四个首都是：维也纳（奥地利）、布拉迪斯拉发（斯洛伐克）、布达佩斯（匈牙利）和贝尔格莱德（塞尔维亚）。

战略性意义

多瑙河向大约1 000万人口提供饮用水，也是欧盟的商业运输路线。1867年，约翰·施特劳斯为其谱写了《蓝色多瑙河》。

尽在掌握
多瑙河发生的洪水以及人们对能源的需求迫使人们修建堤坝和水电大坝，以便调节河水流量并抵御洪水。

通航
多瑙河是独木舟和划艇运动的天堂，同时也适合大型船舶航行。跨洋船只可在黑海和布拉伊拉市（罗马尼亚）之间通行。

密西西比河

传奇的密西西比河从北到南穿过北美地区，流入墨西哥湾，形成了世界上最重要的三角洲之一。这片地区拥有大量岛屿和运河，流域面积322万平方千米，由过去5 000年间河流的沉积物缓慢堆积而成。

孟菲斯

图片背景中的城市位于密西西比河三角洲的入口处。其名称历史悠久，因为它是布鲁斯音乐的摇篮，也是摇滚乐之王——埃尔维斯·普雷斯利（猫王）的故乡。

面临的危险

在过去的50年里，这条河流沉积的泥沙数量急剧减少。

技术数据

密西西比河
位置： 北美
发源地： 伊塔斯卡湖（明尼苏达州）
入海口： 墨西哥湾
流域： 跨越美国 10 个州，共 322 万平方千米。

该河流的最后区段

密西西比河三角洲面积为7.5万平方千米，居住着超过220万居民，大多数人聚居在新奥尔良。

❶ 新奥尔良
美国最古老的城市之一，位于庞恰特雷恩湖岸边。

❷ 密西西比河
全长6 262千米，由于其流域幅员辽阔，使其成为世界上最重要的河道之一。

❸ 墨西哥湾
密西西比河流入该海域，具有广阔的海洋平台。

❹ 庞恰特雷恩湖
是该国第二大咸水湖，其深度不超过4米。

❺ 贝尔沙斯高速公路
路线沿着河流的最后一段至入海口。

你知道吗?

2005年，卡特里娜飓风的登陆和庞恰特雷恩湖所产生的浪潮给新奥尔良造成巨大损失，导致近2 000人死亡。

具有多条水链的网络

该河的三角洲使南路易斯安那州的海岸线每年向前推进大约100米。

明尼阿波利斯
　　威斯康星

薇诺娜
　拉克罗斯

明尼苏达

　普雷里德欣

迪比克

衣阿华

　达文波特

伯灵顿
基奥卡克

昆西　　伊利诺伊
汉尼拔

奥尔顿
圣路易斯

密苏里

田纳西

阿肯色
密西西比河　孟菲斯

格林维尔

汽船

19世纪，以蒸汽为动力的汽船在该流域出现。即使在今天，在旅程中仍然可见这些专门用于旅游的游轮。

伊瓜苏瀑布

伊瓜苏瀑布位于阿根廷和巴西两国的边界，是美洲大陆最壮观的瀑布，落差高达80米，具有与中非维多利亚瀑布相当的流量。伊瓜苏河流经广阔的亚热带丛林中心，经历几多曲折之后，跌落至一个被称为"魔鬼之喉"的狭窄的马蹄形裂隙。

瀑布群

伊瓜苏瀑布由275个大小各异的瀑布群组成，其中80%位于阿根廷一侧。流量最大的瀑布为"魔鬼之喉"，落差高达80米。

魔鬼之喉

伊瓜苏瀑布所有景点的焦点就是"魔鬼之喉"：长120米、边缘呈马蹄形且凹凸不平的瀑布，具有约80米高的落差。这里会出现连续的彩虹，为游客呈现世界上独一无二的风景。

囊括伊瓜苏国家公园，占地面积

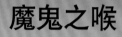 公顷，

位于阿根廷米西奥内斯省。

你知道吗？

该地区的土著居民主要为瓜拉尼人。在整个阿根廷的美索不达米亚地区，通用语言为瓜拉尼语，现在是巴拉圭共和国的官方语言之一。

1542 年，西班牙征

服者努涅斯·阿尔瓦·瓦卡·德·卡贝扎成为第一个目睹伊瓜苏瀑布的欧洲人。

遗产

1984年，伊瓜苏瀑布被联合国教科文组织列为世界自然遗产。

保护区

伊瓜苏国家公园拥有80种哺乳类动物和450种鸟类。此外，还拥有各类爬行动物、两栖动物、鱼类、昆虫和蜘蛛。例如，栖息在附近亚热带森林的巨嘴鸟，因其色彩艳丽的大喙而闻名于世。

野生动物

进入米西奥内斯丛林小径的游客将有机会在自然栖息地观察到卷尾猴或食蚁兽等多种动物。

进入景区的游客可经常看到南美浣熊，尾细长，有深色环带。这些小动物都很顽皮，而且很喜欢成群结队。与它们一起玩耍，可以让你感觉非常快乐。

恒河

全长2 500多千米，是印度次大陆上最长的河流之一。从喜马拉雅山流经印度北部大平原，最后流入孟加拉湾。作为一条神圣的河流，数以百万的印度教徒每天都到其沿岸执行不同的仪式。恒河注入亚洲南部海岸水域；行政区划上属于印度和孟加拉国，其令人担忧的污染水平已经威胁到流域内的各种生物。●

人口过剩的流域

由于河岸土壤肥沃，恒河流域是世界上人口最为稠密的地区之一，相当于地球上每12位居民中就有1人居住在此地。此外，这里有许多印度圣地，包括瓦拉纳西和哈里瓦市。

卫星视图

恒河三角洲，世界上最大的三角洲（下图），恒河与雅鲁藏布江一起流入孟加拉湾。这片三角洲的沼泽地区生长着茂密的红树林。

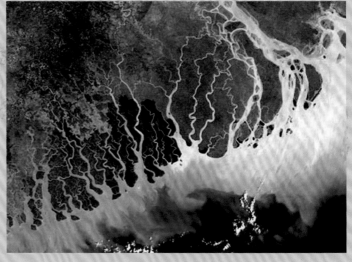

技术数据

恒河
位置：印度和孟加拉国
发源地：喜马拉雅山脉
入海口：孟加拉湾
流域：约108万平方千米，覆盖印度和孟加拉国共六个邦。

位于恒河三角洲的桑德班自然保护区覆盖着约2 600平方千米的红树林和本土植物,以及孟加拉虎(左图)等不同种类的动物。

宽350千米, 在其入海口处有一座面积达10.5万平方千米的三角洲。

经济

该三角洲地区土壤肥沃,盛产茶叶和大米。尽管具有很高的洪水和台风风险,仍有大约1.43亿人生活在该地区。

污染

成千上万升未经处理的废水,以及农业径流、工业废料、人类和动物尸体每天被扔进河里。在贝纳雷斯圣城居住着100万居民,有35条排水管道的污水排入这一水域。

信仰

人们相信,每一次浸入河中都有助于赎罪。这就是印度教徒经常在河中沐浴的原因。

奥卡万戈三角洲

奔流约1 000千米后，非洲的奥卡万戈河流入世界上最干燥的地区之一：卡拉哈里沙漠的红色沙地。它不仅是一座三角洲，更是一个集中了各类动植物的扇形沉积区，它被认为是当今世界上最令人惊叹的野生动物保护区之一。●

河马

该地区的典型"居民"，一天中的大部分时间半淹没在水里。

特点

在洪水期间，奥卡万戈三角洲面积约为2.2万平方千米，位于博茨瓦纳北部。奥卡万戈河源自安哥拉，穿过纳米比亚的卡普里维纳区以后，河水扇形散开流到卡拉哈里沙漠中，形成一片巨大的绿洲。

非洲鞍嘴鹳
(*Ephippiorhynchus senegalensis*)

锤头鹳
(*Scopus umbretta*)

河马
(*Hippopotamus amphibius*)

鳡脂鲤
(*Hepsetus odoe*)

适应性

这类湿地的生物多样性比其他生态系统更为丰富。目前有哺乳动物、爬行动物、两栖动物、鱼类以及在淹没的河岸上活动的昆虫。有些喜欢浸泡在水里，例如鳄鱼。它们头上的鼻孔、眼睛和耳朵在游泳时不会露出水面。

你知道吗？

该地区是大批野生大象的避难所。大约有3万头大象栖息在此。

蹄子
林羚和羚羊都有特别适合在软地上跑动的蹄子（呈扇形）。

纸莎草
(*Cyperus papyrus*)

林羚
(*Tragelaphus spekii*)

肉垂鹤
(*Bugeranus carunculatus*)

白睡莲
(*Nymphaea alba*)

非洲虎鱼
(*Hydrocynus vittatus*)

尼罗鳄
(*Crocodylus niloticus*)

举例

纸莎草和大藻
生长在这里的植物几乎完全淹没在水中，因此，其名称具有亲水性。纸莎草、白睡莲和大藻是最常见的植物。许多水鸟在水中寻找食物。

尼罗鳄
尼罗鳄是非洲最大的鳄鱼，以鱼、羚羊、斑马、水牛和鸟类为食。

沼泽地形

由于安哥拉的强降雨，大量水源将干旱的土壤转化成肥沃的沼泽。

河流中的植物群和动物群

河流、湖泊、潟湖、池塘和沼泽的淡水创造了非常多样化的栖息地，因此，这里存在着各种植物群落和动物群落。许多在这里栖息的动物必须面对急流和干旱问题，其中一些动物并不完全是水生的，而是在陆地和水域间交替捕食、繁殖或哺育后代。●

水道：生命类型

动物、植物的种类因河流的水道而发生变化。让我们来看一些例子。

Ⓐ 水道上游

许多河流从其发源地流经山脉后落下而形成急流。这种环境使植被和动物适应了强大的急流。

Ⓑ 水道中游

当急流速度降低，河床就会被拓宽。在河岸上，生活着各种哺乳动物（如水獭）、植物（如水草）和鸟类。

Ⓒ 水道下游

在入海口附近，河流通常蜿蜒曲折。这里栖息着大量鱼类（如比目鱼和鲈鱼），几乎没有植被，因为在河流入海口常有城市和制造中心。

欧洲河乌

棕熊
(*Ursus arctos*)

大西洋鲑鱼
(*Salmo salar*)

水中狩猎

棕熊可以在浅水区的河岸上花费几个小时用爪子捕捉从上游来此产卵的鲑鱼，鲑鱼是它们的蛋白质来源。

种类多样性

热带河岸上栖息着各种动物：猴子、鸟类、啮齿类动物、食人鱼等鱼类。

棕蜘蛛猴
(*Ateles hybridus*)

麝雉
(*Opisthocomus hoazin*)

厚嘴巨嘴鸟
(*Ramphastos sulfuratus*)

宽边黄粉蝶
(*Eurema hecabe*)

美洲红鹮
(*Eudocimus ruber*)

野生棕七彩
(*Symphysodon aequifasciatus axelrodi*)

低地貘
(*Tapirus terrestris*)

神仙鱼
(*Pterophyllum scalare*)

河魟
江魟属

黄水蚺
(*Eunectes notaeus*)

凯门鳄
(*Caiman crocodiles*)

黑色食人鱼
(*Serrasalmus rhombeus*)

水豚
(*Hydrochoerus hydrochaeris*)

红腹食人鱼
(*Pygocentrus nattereri*)

大象平均每天摄入 **190升**淡水，是栖息在水道附近的最大的哺乳动物。

河狸

这些半水生啮齿动物栖息在水和陆地之间。它们都是优秀的"建筑师"，它们在河流和湖泊上建造了复杂的家园，精确度惊人。它们利用原木、树根和树枝建造巢穴：巢穴有两个入口、水下隧道和提供温度和栖息的泥土结构。然而，这种自然技能对环境有着正面和负面的双重影响：一方面为一些物种营造了丰富的水生环境，另一方面可能会阻塞河流从而引发洪水。

游泳健将

凭借蹼足，河狸在出生后24小时内就可以游泳。

保卫火地岛

河狸是从北美引进的，以嫩叶和茴香叶为食。由于没有掠食者，它们已造成对当地保护区环境的威胁，这里的森林与北部的森林大不相同，尤其假山毛榉受到了破坏。它们对生态系统造成的后果非常严重，智利和阿根廷都在制订计划，旨在控制、甚至彻底根除河狸种群。

精致的庇护所

一种具有复杂结构的巢穴，建在堤坝后面的小岛、池塘或湖泊、河流的岸边，帮助其躲避食肉动物（狼、猞猁、熊）以及在极端寒冷的天气中御寒。

屋顶
用树枝和根茎堆积，并用泥土密封。

受保护的后代
与其父母待在庇护所里。

干燥的区域
休息位置高于水位。

坚固的地基
地面覆盖着树皮、草和木屑。

功能性牙齿

与河狸的身体尺寸相比，它们的牙齿过大了，在它们啃咬的时候会有磨损，但在整个生命过程中，其牙齿会一直生长。河狸的头骨很大、很坚硬，因此，很容易敲凿和切割枫木和橡木等硬木。

上门牙
至少有 5 毫米宽、20 毫米长。

河狸的巢穴平均宽度为

2.4 米

高度通常能达到 1 米多。

切牙
牙齿的形状有利于它们切凿树干和啃食树皮。

河流，文明的摇篮

已知的历史上第一个文明出现在近东地区的河流流域附近。沿着尼罗河流域的埃及和沿着底格里斯河和幼发拉底河的美索不达米亚平原出现了历史上公认的最早的文明。本页图片重现了古埃及时期在尼罗河上船只通行的景象。●

城市间纽带
尼罗河是埃及各城市之间的纽带。

主干

在尼罗河最后1 300千米流经的地区，古埃及文明存在了几个世纪。日常通航利用小独木舟即可完成，商业运输和客运则需凭借坚固的帆船。

独木舟
有各种类型，曾使用芦苇或纸莎草捆绑制造。用于商人和买家之间的交流。

商船
穿梭于各个港口，船上有士兵和文士。具有弯曲的船体和风帆，长度超过40米。

泥沙
洪水期间，尼罗河携带的天然泥沙。这对农业发展至关重要。

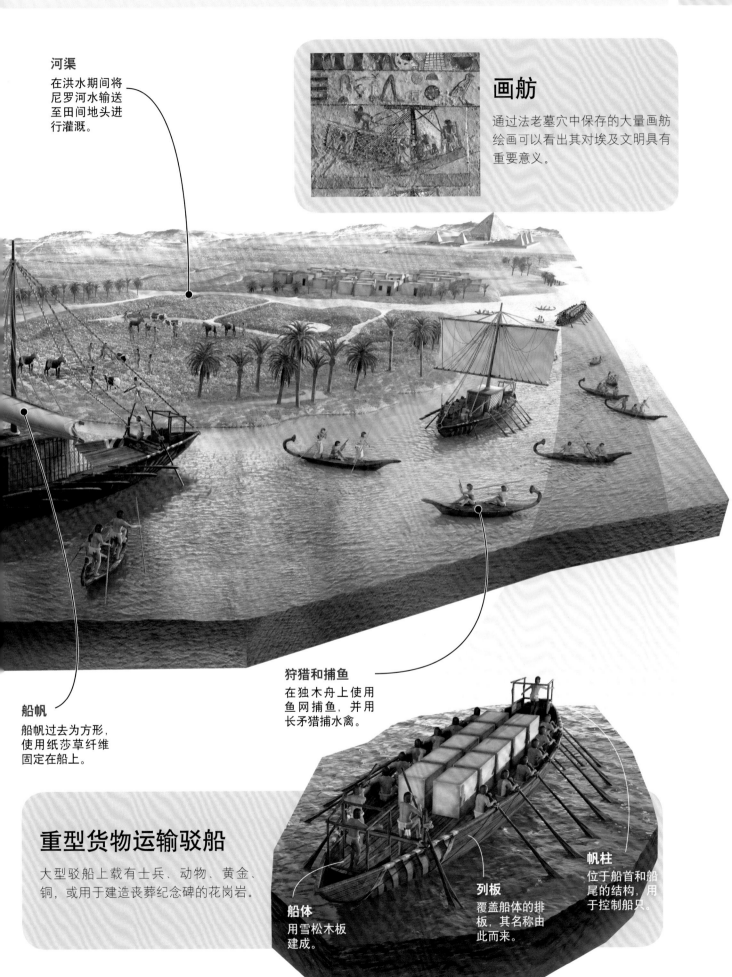

河渠
在洪水期间将尼罗河水输送至田间地头进行灌溉。

画舫

通过法老墓穴中保存的大量画舫绘画可以看出其对埃及文明具有重要意义。

船帆
船帆过去为方形，使用纸莎草纤维固定在船上。

狩猎和捕鱼
在独木舟上使用鱼网捕鱼，并用长矛猎捕水禽。

重型货物运输驳船

大型驳船上载有士兵、动物、黄金、铜，或用于建造丧葬纪念碑的花岗岩。

帆柱
位于船首和船尾的结构，用于控制船只。

列板
覆盖船体的排板，其名称由此而来。

船体
用雪松木板建成。

河流，能源的源泉

千百年前，人们学会了开采水资源，并知道如何利用河水进行灌溉。在过去的50年里，大型水坝已遍布世界各地。这些水坝被称为不朽之作，虽然它们通常为社会带来福利，但对环境也产生了巨大影响，有时会使整座城镇消失在水下。●

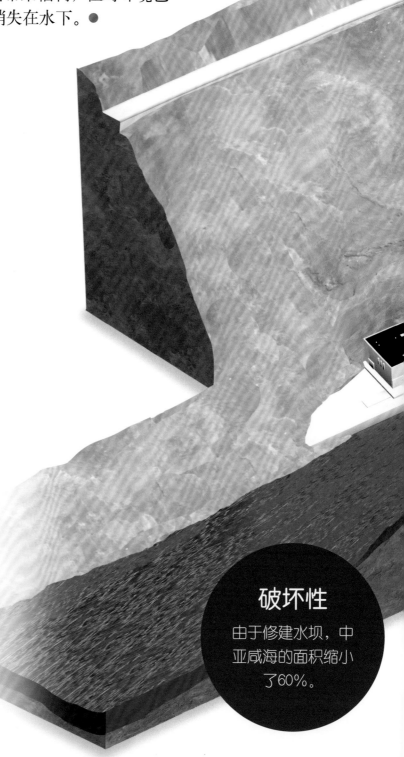

不仅仅是一堵护墙

修建大型水坝通常有三个理由：控制洪水、获得灌溉用水和发电。然而，与它们给环境带来的重大影响相比，关于其实际利益的争论也日趋激烈。广受争议的另一个因素是，利益分配往往是不平衡的。

对水坝下游的影响

↓ **较小的水流量。** 当中断自然循环和改变水流时，生态系统也随之发生改变。

↑ **防洪。** 水坝已设法解决了许多与大洪水有关的问题。

↓ **侵蚀。** 当水流量较低时，沉积随之减少，这有利于侵蚀。

↑ **灌溉。** 可以更好地管理灌溉用水，并确保全年供水稳定。

破坏性
由于修建水坝，中亚咸海的面积缩小了60%。

对水坝上游的影响

改变环境。景观被完全改变，出现一个大型湖泊，而以前只有一条河流。

湿度和温度。大型湖泊的出现改变了一个地区的湿度和温度。

破坏陆地生态系统。由大坝产生的洪水破坏了大坝修建之前的生态系统。尽管在洪水发生之前对物种进行了保护，但通常是在没有对环境产生积极作用的情况下所做的演习。

迁移。水库产生的蓄水会使整座城镇被淹没于水下。据估计，由于修建水坝，世界上有4 000万~8 000万人被迫迁居。

破坏河流生态系统。当河流被截流后，许多洄游物种的循环被阻断，生态系统的平衡被彻底改变。

疾病。在水坝修建的地区，由于该地区生成了新的气候条件和大量蓄水，经常会出现新的疾病。

水坝的优点

↑ **水力发电。**水是清洁和可再生能源。全球20%的电力来自水力发电。

↑ **"鱼类的电梯"。**有些水坝设有特殊系统，向上游洄游的鱼类可因此克服巨大的障碍。

↑ **旅游。**由于其拥有的巨大纪念意义，许多水坝成为游客的必访景点。

亚塞瑞塔水电站

亚塞瑞塔水电站是在阿根廷和巴拉圭两国之间的巴拉那河上修建的。当占地16万平方千米的水库被蓄满时，原来的很多渔场、耕作区、海滩和商业街区也被淹没。该水电站满足了阿根廷大约20%的电力需求。

瓜拉尼含水层

地球上最大的地下淡水储量之一，位于南美洲的中东部，由阿根廷、巴西、巴拉圭和乌拉圭四个国家共享。附近大约居住着2 300万居民，瓜拉尼地下含水层可向超过50%的居民提供用水。据估计，该区域是在距今2.45亿至1.44亿年前形成的。

淡水

瓜拉尼地下含水层在很大程度上与普拉塔河流域有关，形成了一个巨大的淡水反馈系统。其下游与乌拉圭河相连，在西部通过普埃尔切斯含水层接收来自安第斯的供水。

地下水

其重要性比湖水或河水更高，仅次于冰川水。

埋藏的宝藏

瓜拉尼含水层面积达120万平方千米，水储存在地质年代形成的砂岩孔隙和裂隙中。

巴西

玻利维亚

巴拉圭

乌拉圭

（阿根廷）

扩展区域

阿根廷

补水区

储存区

1.河床和底土的界限

2.拉普拉塔河的外部界限

3.阿根廷 — 乌拉圭海洋横向界限

威胁

研究表明，瓜拉尼含水层的水质尚未受到污染。然而，考虑到补给区与使用杀虫剂的农业地区相连，必须采取紧急措施控制和减少农用化学品的污染，以避免其水域可能发生的水质恶化。

你知道吗?

据估计，该巨大含水层所拥有的储水量可为世界人口持续提供200年的淡水。

水库的平均深度为 **250米，**

最深的地方深度超过1 000米。

雨水

淡水水库

瓜拉尼含水层利用雨水进行补充，每年可穿透岩石裂隙的水量大约3万立方千米。该水量可在不改变储量的情况下持续使用。

巴拉那河

土壤

如果进行钻孔，则表面就会出水。

在其孔隙之间含有水的岩层

基岩层

水处理

人类活动会产生大量的污染废水，无论是家庭用水、牲畜用水还是工业用水。这些未经适当卫生处理就进行排放的污水会带来疾病，导致人口死亡率大幅提升。现在，让我们了解一下，在将废水重新排放到环境中之前，为了让其达到基本卫生标准而进行的每一步操作。●

④ 沉淀池

通过沉淀，油、塑料、粪便和其他有机废物被分离。提取的固体或被焚化，或被转化为肥料。

① 家庭用水

用于家庭洗手间、烹饪和家庭清洁的水。由此产生的废水沿着排水管流入排水系统。

②

第一次过滤

在排水管道中设置几道格栅，可以防止石块、树枝和其他大型垃圾通过。

③ 沙石过滤

在这些过滤室中，将沙子和较小的固体与水分离。

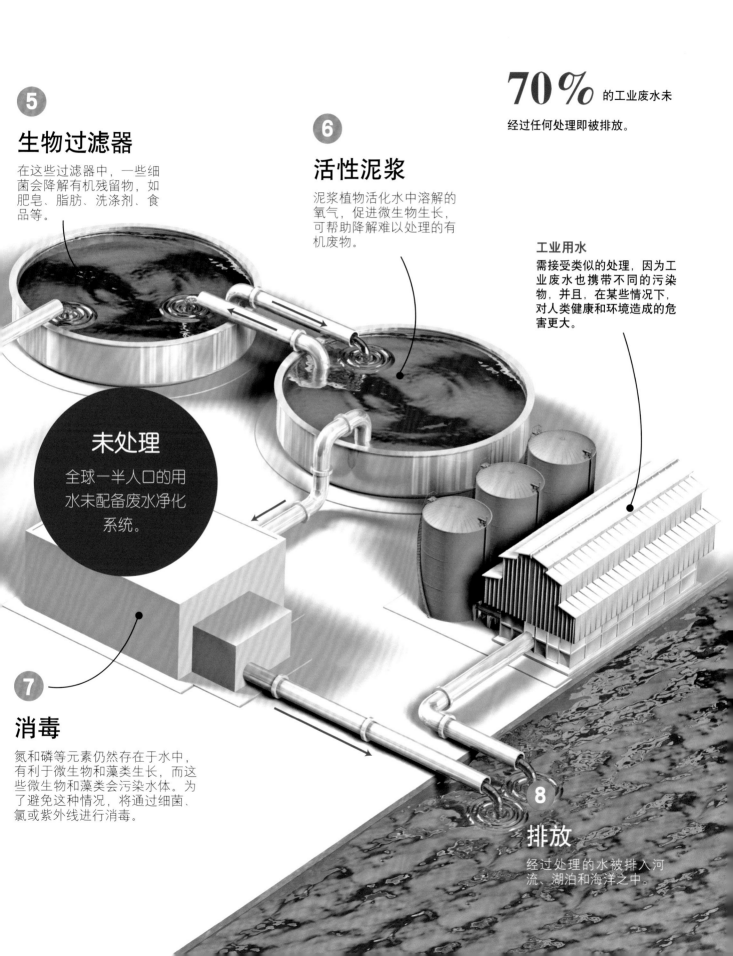

70% 的工业废水未经过任何处理即被排放。

⑤ 生物过滤器

在这些过滤器中，一些细菌会降解有机残留物，如肥皂、脂肪、洗涤剂、食品等。

⑥ 活性泥浆

泥浆植物活化水中溶解的氧气，促进微生物生长，可帮助降解难以处理的有机废物。

工业用水

需接受类似的处理，因为工业废水也携带不同的污染物，并且，在某些情况下，对人类健康和环境造成的危害更大。

未处理

全球一半人口的用水未配备废水净化系统。

⑦ 消毒

氮和磷等元素仍然存在于水中，有利于微生物和藻类生长，而这些微生物和藻类会污染水体。为了避免这种情况，将通过细菌、氯或紫外线进行消毒。

⑧ 排放

经过处理的水被排入河流、湖泊和海洋之中。

贝加尔湖

贝加尔湖是世界上储水量最大的淡水湖，位于俄罗斯西伯利亚南部地区。湖内大约有30座小岛，其中最大的岛屿长约70千米。20世纪90年代针对其沉积物开展的研究详细揭露了过去25万年间地球的气候变化。●

贝加尔湖面积为

31 494 平方千米

是世界上最深的淡水湖。

独特的物种

贝加尔湖是已知的最古老的湖泊之一，大约有2 500万年的历史。这种古老的特点使其对大自然产生了巨大的影响。如今，该湖泊已具有地方性特点，也就是说，该生态系统拥有独特的物种。其中最著名的就是贝加尔海豹（*Phoca sibirica*），也是世界上唯一一种可在淡水里生活的海豹。

湖水清理
贝加尔湖的湖水中含有高浓度的氧气。这里生活着有助于湖泊自净、只有几毫米长的螃蟹，它们能对水进行过滤，消除湖水中的藻类和细菌。

生物多样性

河水的流动与湖泊的平静形成了鲜明对比。由于湖水蒸发，这里聚集了适于鸟类、水生习性的哺乳动物、两栖动物、爬行动物和各种节肢动物生存的沉积物。

贝加尔湖

栖息在该湖中的物种有80%具有地方性。

水流

河流、地下泉水、地表风的作用以及日夜交替和季节更替产生的温差等因素导致了湖水的运动。

贝加尔湖蓄水量达23.6万亿立方米，相当于整个地球20%的未结冰淡水。

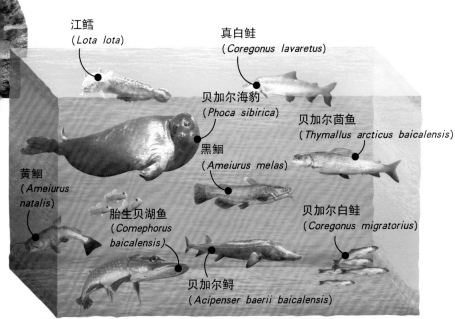

江鳕
(*Lota lota*)

真白鲑
(*Coregonus lavaretus*)

贝加尔海豹
(*Phoca sibirica*)

贝加尔茴鱼
(*Thymallus arcticus baicalensis*)

黑鮰
(*Ameiurus melas*)

黄鮰
(*Ameiurus natalis*)

胎生贝湖鱼
(*Comephorus baicalensis*)

贝加尔白鲑
(*Coregonus migratorius*)

贝加尔鲟
(*Acipenser baerii baicalensis*)

贝加尔山脉

位于同名湖泊的西北岸，山脉的最高峰高度约为2 500米，周围环绕着湖泊，在海拔1 400米处覆盖着针叶林。

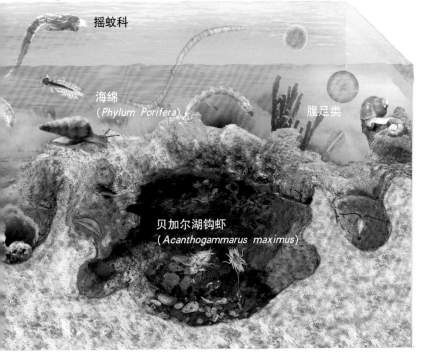

摇蚊科

海绵
(*Phylum Porifera*)

腹足类

贝加尔湖钩虾
(*Acanthogammarus maximus*)

贝加尔海豹
贝加尔湖地区特有的物种，主要以鱼和无脊椎动物为食。

的的喀喀湖

世界上地势最高的通航湖泊，位于玻利维亚和秘鲁两国交界处，海拔约3 800米。根据安第斯传说，太阳神派遣儿子芒科·卡帕克和玛玛·奥柳前往人间，教人们真理和正义的原则，他们就是来自该湖泊深处。此外，他们还是印加王朝的缔造者。这里发生了许多地理意外事故，在这里的36座岛屿中，有些还埋藏着考古遗迹。●

太阳岛

的的喀喀湖中最大的岛屿，面积14.3平方千米。有前印加考古遗迹和众多传统耕作的梯田。

供水

的的喀喀湖的支流源自安第斯山白雪皑皑的山顶，最重要的河流是拉姆河和苏切斯河。

人口

的的喀喀湖的岸边现在居住着艾马拉斯、克丘亚斯和乌鲁斯的后裔。

深度

据估计，该湖最大深度281米，平均深度107米，蓄水量不规律，在夏季有所增加。

香蒲

乌鲁斯民族建立在人工浮岛上，在该地区具有茂密的香蒲丛（多年生植物）。这些用香蒲扎制的巨大的筏艇被称为巴莎筏。

该湖泊总面积约为

8 300

动植物群

以骆马、羊驼、美洲驼
（右图）和鸭子为代表。
拥有12种水生植物，其中
以香蒲（*Typha orientalis
Presl*）最为突出，当地人
用它来建造传统船只。

气候

年平均气温13℃，该地区因
每日温度急剧变化而闻名（同
日温差可达20℃）。

印加人

根据该地区口口相传的传说，芒科·卡
帕克和玛玛·奥柳离开太阳岛，在现今
的库斯科市缔造了印加王朝。

你知道吗？

孩子们每天早上都会划着自己
的巴莎筏前往岛上的学校。

阿根廷湖

由于其面积达到1 466平方千米，因此成为阿根廷境内第一大湖，南美洲第三大湖。位于圣克鲁斯省的西南部。在其水域中航行时，可以看到乌普萨拉冰川、斯佩嘎齐尼冰川以及奥内利海湾。

旅游

佩里托莫雷诺冰川在阿根廷湖南部分支水域上，是唯一一个可以通过地面进入的地区，已成为重要的旅游景点。

尼美斯潟湖

距离阿根廷湖几米处就是尼美斯潟湖，拥有丰富的鸟类资源。从图片中可以看到潜水的南美硬尾鸭（*Oxyura vittata*）。

数据

阿根廷湖海拔 187 米，长 125 千米，最大宽度 20 千米。

面积为

1 466 平方千米，

通过圣克鲁斯河流入大西洋。

深度

湖的最大深度约为500米，南部沿海地区和中部是30米。

乌普萨拉冰川是南美洲第三长冰川，冰墙平均高度为40米，宽度约为13千米。

冰川

该湖有一条主干，两条流向西部的不规则支流。这里分布有几条冰川，其中，以佩里托莫雷诺和乌普萨拉最为突出。

通航

从蓬塔班德拉港和巴约索布拉斯港出发的短途航行，船只需要在大小不一的冰块间穿行，这些冰块是从冰川上崩塌或脱落的。

原驼

此类骆驼拥有该地区动物群的典型特征，身体被一层致密的皮毛所覆盖，可保护其免受寒冷的侵袭。原驼身高可达1.6米，重90千克。

埃尔卡拉法特

这座小镇位于圣克鲁斯，距离佩里托莫雷诺冰川80千米，是探索这片区域的中心和基地。

五大湖

世界上最大的淡水湖群，位于美国和加拿大两国交界处，是
100万年前在一系列冰川运动中形成的。大约13000年前，最
后融化的冰块以水的形式储存在此。这些湖泊包括：苏必利
尔湖、密歇根湖、休伦湖、安大略湖和伊利湖。

圣洛伦佐河

圣洛伦佐河长3058千米，穿过五大湖，从苏必利尔湖
西岸延伸至大西洋，某些河段的宽度可达30千米，流
域面积103万平方千米。每年12月到次年4月，安大略
湖和蒙特利尔之间的河段会出现冰冻。

全球 **21%** 的淡水集中在这片

面积约为 24.5 万平方千米的五大湖中。

大城市

重要的北美城市均位于
五大湖沿岸，其中，芝
加哥、多伦多、底特
律、密尔沃基和克利夫
兰最为出名。

尼亚加拉大瀑布

五大湖的一部分，因为该瀑布位于伊利湖和
安大略湖之间。该瀑布是地表水侵蚀力的完
美例证。

坚硬的岩石
主要由石灰
石组成。

软岩更容易
受到侵蚀。

该河的水量
由五大湖的
水补充。

水继续侵蚀这些
地层，导致上游
地层恶化。

水流继续侵
蚀悬崖。

你知道吗？

五大湖的很大一部分表面在冬季会发生冰冻，导致航行中断。

五大湖

苏必利尔湖是该湖群中最大的湖泊，面积达到约8.2万平方千米。长约616千米，宽约257千米，最大深度约406米。

1 苏必利尔湖……约 8.2 万平方千米

2 休伦湖……约 5.96 万平方千米

3 密歇根湖……约 5.8 万平方千米

4 伊利湖……约 2.57 万平方千米

5 安大略湖……约 1.96 万平方千米

约 35 000 座

岛屿分布在这些湖泊内。

密歇根湖

五大湖中唯一一片全部位于美国境内的湖泊。

潟湖

比以上湖泊面积和深度小，蓄水水体的深度为2~30米，表面栖息着丰富的物种，主要包括各类水生植物和动物。●

绿头鸭

以群居方式生活在具有植被保护的潮湿地带，以水下植物和无脊椎动物为食。

绿头鸭
(*Anas platyrhynchos*)

湖蛙
(*Rana ridibunda*)

一只雌性湖蛙一次可产约

4 000 枚 卵。

普通绿蛙

在潟湖和溪流中有大量普通绿蛙。这是一种敏捷的动物，以极富特色的"呱呱"叫声宣告它们的存在。

欧洲白斑狗鱼

这种当地的淡水捕食者身体呈圆柱形，向上开口的嘴类似鸭嘴，生活在池塘边，隐藏在河岸植被根部附近。

藻类

光合有机体，既不是植物，也不是动物，在池塘和湖泊中生长。

绿藻
(*Chlorophyta*)

白斑狗鱼
(*Esox lucius*)

深度和阳光

在湖泊生态系统中，根据日光的射入深度和渗透情况通常可分为四个区域。每个区域都有各种植物和动物。这种分类被称为分带。

沿海地带河岸

幽灵区

无遮蔽区

底层区域

束带蛇

分布在各种栖息地（沼泽、沿海地区、洼地、溪流中），几乎所有种类都有一个共同点——始终生活在水边，是优秀的"游泳健将"和"登山者"。

红边束带蛇

独特之处

潟湖通过河流和溪流进行补给，但仅通过蒸发或进入地下水而失去水分。

东方蝾螈

这种蝾螈通过皮肤分泌毒素，生活在池水中，在繁殖季节过后，常常看到它们在所栖息环境周围的植被间活动。

东方蝾螈
(*Cynops orientalis*)

软壳龟（鳖）

腿上有蹼，由于长有长鼻子和管状鼻孔而能在水下呼吸，在水底休息。

鳖
(*Trionyx sinensis*)

乌尤尼盐沼

这一自然奇观形成了世界上最大的盐沼，面积达12 106平方千米，盐度非常高。盐沼位于玻利维亚西南部，由大约12 000年前美洲大陆上的史前巨型盐湖干涸形成。盐沼大概分11层，厚度为2~10米。乌尤尼盐沼中的锂元素含量很高，这使其成为世界上锂元素储量最大的地区之一。●

在沙漠的中部

在安第斯高原的中西部，海拔超过3 600米的地方，会发现令人难以置信的自然美景。

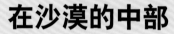

❶ 印加瓦西岛

在乌尤尼盐沼的中部有一个生长着大量仙人掌的小岛，某些仙人掌的高度可达10米。

❷ 科伊帕萨盐沼

比乌尤尼盐沼面积小，长约70千米，面积2 218平方千米。

❸ 图努巴火山

在此处发现古代文明留下的木乃伊。

❹ 乌尤尼盐沼

海拔超过3 600米，像一片巨大的白色海洋。

预计此处盐的储量可达

100 亿吨。

印加瓦西岛

盐的提取

盐的传统提取方法包括将其堆成小型盐山，促进水分蒸发和便于产品运输。每年有大约25 000吨盐被提取出来用于商业用途。

盐山

盐和水之镜

在雨季（1-3月），地表的盐基本上被雨水溶化和覆盖。雨季结束，在阳光和风的综合作用下，水分迅速蒸发，露出白色且光滑的表面。

如何形成盐田

阿尔蒂普拉诺高原（普纳）是位于两大山脉之间的一片辽阔的高原。在高原南部发现了许多大型湖泊遗址，最后一个大型湖泊（大约12 000年前）距盐田70米，覆盖面积比现在大2-3倍。在这些湖泊的水中含有非常古老的海洋盐层，并在安第斯山脉形成后上升到地表。

A.雨水和冰川融水汇聚在阿尔蒂普拉诺高原上，从而形成一个咸水湖。

B.水分在阳光和风的共同作用下蒸发，盐水分离，盐沉在水底。

C.新一轮降雨再次淹没该地区。

D.高原地区的水自然蒸发，导致盐分持续层叠堆积。

图书在版编目（CIP）数据

河流和湖泊 / 西班牙Sol90出版公司编著；许春莹译 .—北京：中国农业出版社，2019.12
（全景图解百科全书：思维导图启蒙典藏中文版）
ISBN 978-7-109-24995-0

Ⅰ.①河… Ⅱ.①西…②许… Ⅲ.①河流—少儿读物②湖泊—少儿读物 Ⅳ.①P941.7-49

中国版本图书馆CIP数据核字（2018）第275095号

MY FIRST ENCYCLOPEDIA – New Edition
Rivers and Lakes

IDEA ORIGINAL Joan Ricart
COORDINACIÓN EDITORIAL Nuria Cicero
EDICIÓN Diana Malizia, Alberto Hernández, Joan Soriano
DISEÑO Clara Miralles, Claudia Andrade
CORRECCIÓN Marta Kordon
PRODUCCIÓN Montse Martínez
FUENTES FOTOGRÁFICAS National Geographic; Getty Images,Getty Images - Corbis; Cordon Press; Latinstock; Thinkstock.

全景图解百科全书
思维导图启蒙典藏中文版
河流和湖泊

中国农业出版社出版
地址：北京市朝阳区麦子店街18号楼
邮编：100125
策划编辑：张 志 刘彦博 杨 春
责任编辑：刘彦博 杨 春 责任校对：刘彦博 营销编辑：王庆宁 雷云钊
翻译：许春莹
书籍设计：涿州一晨文化传播有限公司 封面设计：观止堂_未氓
印刷：鸿博昊天科技有限公司
版次：2019年12月第1版
印次：2019年12月北京第1次印刷
发行：新华书店北京发行所
开本：889mm×1194mm 1/16
印张：3
字数：100千字
定价：45.00元

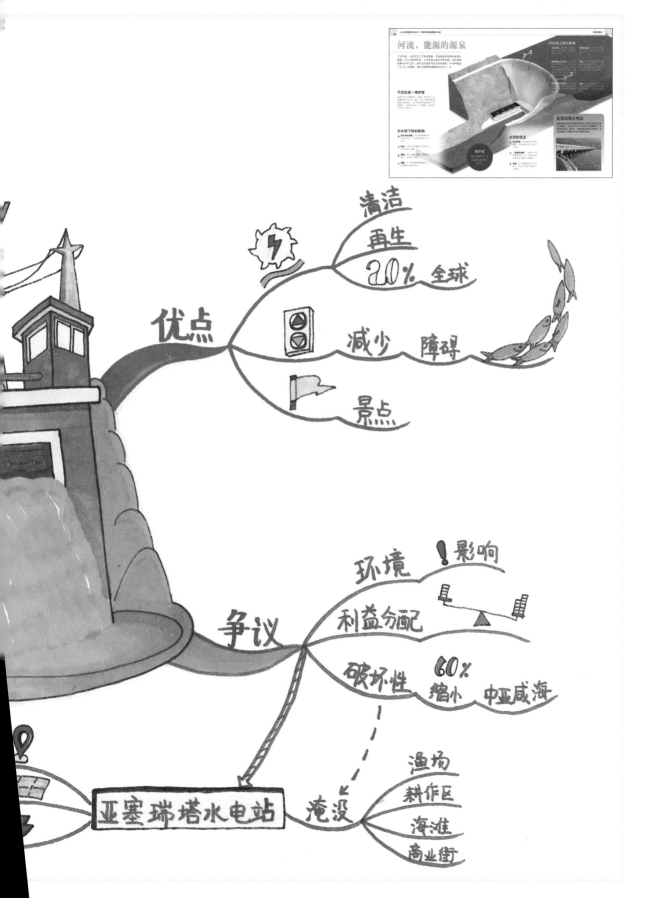

清洁
再生
30% 全球
优点
减少　障碍
景点

环境 ！影响
利益分配
争议
破坏性 60% 缩小 中亚咸海

亚塞瑞塔水电站 淹没
渔场
耕作区
海滩
商业街

思维导图是世界大脑先生、世界创造力智商最高保持者东尼·博赞先生于20世纪70年代发明创造的，被誉为"大脑的瑞士军刀"。根据博赞先生所述：思维导图是一种放射性思维，体现的是人类大脑的自然功能；它以图解的形式和网状的结构，用于储存、组织、优化和输出信息，利用这些自然结构的灵感来提高思维效率。

思维导图的优势

①吸引眼球，令人心动：思维导图是一种带有流动线条与多彩图像的可视化笔记。人的大脑天生就喜欢自然的、有颜色、有图像感的画面，这种形式会让孩子们眼前一亮。

②精准传达，信息明了：思维导图呈现的是一种放射状的结构，线条与线条之间存在着特定的逻辑关系，能够把关键信息点之间的联系清晰地表达出来。

③去芜存菁，简单易懂：绘制过程是对庞大资讯的提炼、理解的过程，通过关键词和关键图像的概括、组织、优化后再"瘦身"输出，让孩子们对资讯内容一目了然。

④视线流动，构建时空：通过这种动态的结构形式可以清晰地看出我们在时间、空间、角度等三个层面的思考轨迹，思想的结果可以随时在图中进行相应的添加与补充。

⑤全貌概括，以图释义：一张思维导图可以概括出整本书的核心要点，即一页掌控的能力。

绘制思维导图的通用操作步骤

①绘制中心主题，即中心图。

②绘制各个部分的大纲主干，并添加其相应内容分支。

③写关键词（边画主干分支边写关键词，二者同步进行）。

④添加插图、代码、符号，体现聚焦原则。

⑤涂颜色，一个大类别一种颜色，相邻两大类别运用对比色，能够帮助大脑在短时间内辨别资讯分类。

用思维导图学习这套百科

这套给孩子们的百科全书，每册精选一个章节的知识内容绘制了一幅思维导图。这些思维导图出自我的"导图工坊"学员之手，可以帮助孩子们快速记忆知识点，直观理解图书内容。经常临摹这些导图，孩子们的思维过程会逐步演化为思维模式，进而形成思维习惯，还可以运用思维导图进行内容的复述，即口头分享：看着导图中的关键词和关键图的提示，运用完整的句子流畅地表达出来。

愿思维导图能够帮助孩子们高效学习、快乐成长！

第八届世界思维导图锦标赛

全球总冠军 **刘艳**

请小朋友从书中选取最感兴趣的页面，试着根据这个页面的内容创作自己的思维导图，画在下面的空白处吧！

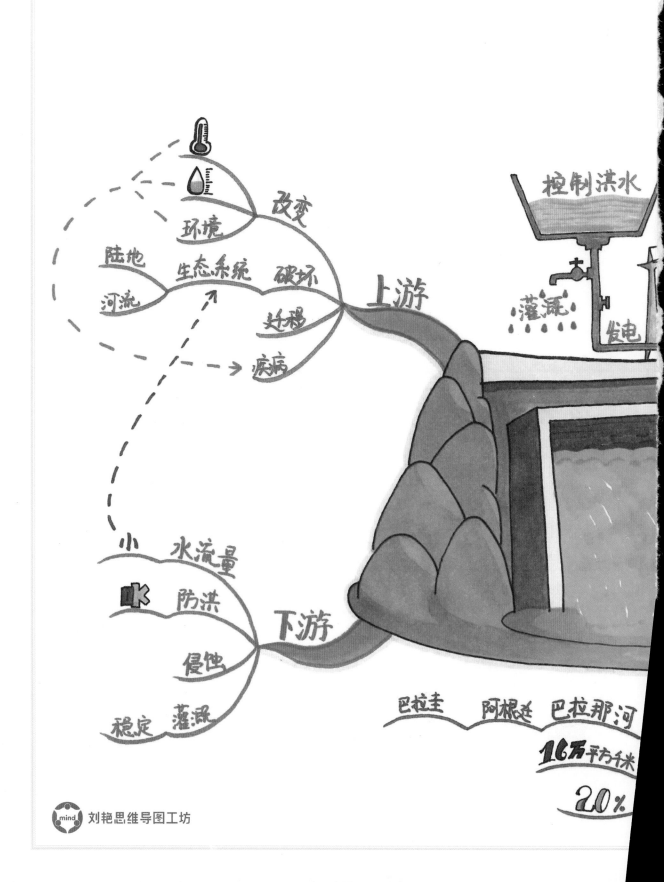

改变

环境

陆地　生态系统　破坏

河流　　　　　迁移

疾病

上游

控制洪水

灌溉

发电

小　水流量

防洪

侵蚀

稳定　灌溉

下游

巴拉圭　阿根廷　巴拉那河

16万平方千米

20%